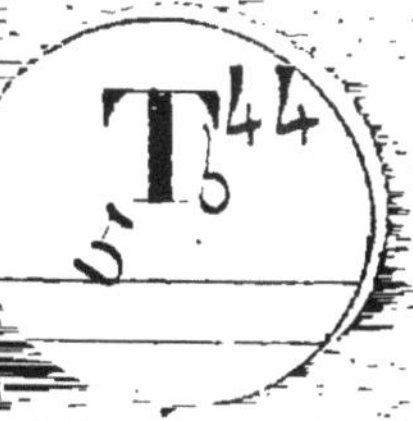

RECHERCHES EXPÉRIMENTALES

SUR

LES EFFETS APPRÉCIABLES DE L'ALCOOL

DANS LA NUTRITION

ET SUR LA

PHYSIOLOGIE DE LA RATE

(Travail du Laboratoire d'anatomie pathologique et d'histologie
de la Faculté de Médecine de Montpellier)

Par le Docteur Alfred SERVEL

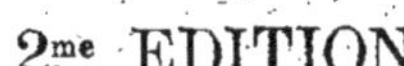

2me EDITION

SAINT-ETIENNE

Imprimerie et lithographie J. Pichon, 13, rue de la Croix, 13

1889

RECHERCHES EXPÉRIMENTALES

SUR

LES EFFETS APPRÉCIABLES DE L'ALCOOL

DANS LA NUTRITION

ET SUR LA

PHYSIOLOGIE DE LA RATE

(Travail du Laboratoire d'anatomie pathologique et d'histologie
de la Faculté de Médecine de Montpellier)

PAR LE DOCTEUR ALFRED SERVEL

2me EDITION

SAINT-ETIENNE

Imprimerie et lithographie J. PICHON, 13, rue de la Croix, 13

1889

A Monsieur ESTOR

Professeur d'Anatomie pathologique et d'Histologie
à la Faculté de Médecine de Montpellier

Cher Maitre,

Vous avez développé en moi le goût des études positives ;
à vous donc le mérite de ce travail : veuillez en accepter la
dédicace comme un témoignage de ma reconnaissance.

A. Servel

INTRODUCTION

Avant d'aborder un sujet aussi important que
celui de la physiologie de la rate, j'ai besoin, pour
préparer à ce travail un accueil bienveillant, que
mon nom sans autorité ne saurait lui mériter,
d'exposer les circonstances qui ont ouvert la voie
à mes recherches. Ce n'était point, en effet, vers
l'organe splénique qu'était dirigée mon attention
lorsque, après plusieurs années d'études pratiques
de l'histologie et de l'anatomie pathologique, j'ai
entrepris mes premières expériences: j'avais pour
but d'observer les effets de l'alcool sur la circulation en général, afin d'expliquer les lésions de
l'alcoolisme chronique sur l'encéphale. Mais, comme il arrive souvent à ceux qui font des recherches
de laboratoire, j'ai été entraîné ailleurs par l'attrait
d'observations d'une grande importance physiologique, et l'alcoolisme n'a plus été l'objet de mes
recherches, mais un moyen d'investigation.

En relatant brièvement mes premières expériences, j'aurai, avec l'avantage d'expliquer l'origine
de mes études des fonctions de la rate, celui de
montrer les effets de l'alcool sur la nutrition en
général.

J'exposerai ensuite mes recherches sur la physiologie de l'organe splénique, en les étayant des faits
aujourd'hui acquis à la science.

J'ajouterai, enfin, comme complément à ce travail et à cause des liens qui unissent la physiologie
des globules blancs à celle de la rate, la relation
de quelques expériences personnelles à ce sujet.

Mais, tout d'abord, qu'il me soit permis de re-
mercier ceux de mes Maîtres qui ont bien voulu
prêter à ce travail l'aide précieux de leurs conseils
ou de leur approbation ; qu'il me soit permis aussi
d'exprimer ma reconnaissance à mes deux amis
Paul Lannegrâce, prosecteur à la Faculté, et à
Giovanni Bordone, mon collègue au laboratoire
d'histologie, pour leur coopération, gage de leur
amitié, qui me sera toujours cher.

RECHERCHES EXPÉRIMENTALES

SUR LA

PHYSIOLOGIE DE LA RATE

CHAPITRE PREMIER

FAITS RELATIFS A L'ACTION PHYSIOLOGIQUE DE L'ALCOOL

Dans ce chapitre, j'indiquerai successivement :

1º Les conditions d'expérimentation dans lesquelles je me suis placé ;

2º Les effets de l'alcool sur la circulation ;

3º Les effets de l'alcool sur la nutrition en général ;

CONDITIONS D'EXPÉRIMENTATION

Mes expériences ont porté sur des grenouilles et sur des chiens : sur des grenouilles, à cause de la facilité d'examen de la circulation sanguine sur la membrane interdigitale de ces animaux ; sur des chiens, à cause du rang élevé qu'ils occupent dans l'échelle animale.

Les grenouilles ont été soumises à l'action de l'alcool pendant l'été, c'est-à-dire au moment du summum de leur activité physiologique.

Les chiens, au nombre de trois, étaient de la même portée, entièrement semblables ; ils avaient été nourris ensemble, et étaient âgés de douze mois lorsqu'ils furent mis en expérience.

Pour produire l'ivresse, soit chez les grenouilles, soit chez les chiens, j'ai toujours employé les inhalations alcooliques, afin que les expériences fussent comparables entre elles et que l'action de l'alcool seul eût à intervenir.

Les inhalations ont été produites par un courant d'air imprégné d'alcool.

Le courant d'air était fourni par la trompe à eau du laboratoire d'histologie, de la force de 18 centimètres d'eau distillée. Il traversait un flacon (Voir figure 1) contenant trois centimètres d'alcool de vin à 80° pour les grenouilles, vingt centimètres du même alcool pour les chiens, et arrivait dans un autre récipient d'une capacité proportionnelle au volume de l'animal ; un tube d'échappement faisait communiquer le récipient avec l'air extérieur.

Vingt à trente minutes sont le temps nécessaire pour produire, dans ces conditions, l'ivresse alcoolique chez les grenouilles, avec résolution complète des muscles de la vie de relation ; deux à trois heures chez les chiens.

Dans l'examen de la circulation chez les grenouilles, deux épingles fines me suffisaient pour étendre l'une des pattes au-dessus d'un trou de grandeur convenable, percé dans une plaque de liége que je plaçais alors sur la platine du microscope.

La combinaison de l'objectif 2 de Nachet avec l'oculaire 3 m'a servi dans près de 200 examens.

EFFETS DE L'ALCOOL SUR LA CIRCULATION

J'ai étudié les effets de l'ivresse alcoolique sur la circulation, chez les batraciens, en observant, soit des grenouilles alcoolisées pour la première fois, soit des grenouilles soumises chaque jour, depuis deux mois, aux inhalations alcooliques; dans tous mes examens, j'ai toujours observé les phénomènes suivants: .

La circulation se faisait lentement, ou même était complètement arrêtée dans un certain nombre de vaisseaux. Leur couleur était rouge foncé, que la circulation persistât ou qu'elle fût interrompue; les globules rouges semblaient tassés les uns contre les autres. Puis, lentement, et à mesure que la circulation reparaissait ou devenait plus active, on voyait la couleur des vaisseaux s'éclaircir pendant qu'ils se vidaient, le plus souvent par oscillations, et des globules blancs remplacer les globules rouges, sinon totalement, au moins dans une proportion relativement considérable.

Ces faits-là sont constants; et, plus l'action de l'alcool est prolongée, plus le nombre des globules blancs augmente, sans que la source en paraisse tarissable.

Mais je n'ai jamais pu rencontrer ce que je recherchais, c'est-à-dire la diapédèse des globules blancs, comme l'indiquent évidemment les lésions de l'alcoolisme chronique chez l'homme. Je chercherai tout à l'heure à expliquer cette absence de migration chez mes grenouilles.

La crainte d'avoir mal observé me fit imaginer une expérience capable de contrôler la valeur de l'opinion de

M. Tarchanof (1), admettant le retour des globules blancs dans les espaces lymphatiques de la grenouille, par migration à travers les vaisseaux ; la voici :

J'ai prolongé pendant 11 heures de suite, et à deux reprises différentes, les inhalations alcooliques sous le champ même du microscope, en alternant entre deux grenouilles examinées en même temps sous deux microscopes différents. Pour cela, je faisais arriver le courant d'air alcoolisé sous une petite cloche recouvrant l'animal à l'exception de la patte examinée.

Dans ces quatre expériences, j'ai vu qu'à la dernière heure de l'examen, le nombre. des globules blancs n'avait fait qu'augmenter ; les derniers venus, en plus grand nombre, remplaçant ceux qui les avaient précédés dans le torrent circulatoire.

Ils ne pouvaient donc venir tous des sacs limphatiques ; et, dans tous les cas, ils n'y retournaient pas par migration à travers les vaisseaux, puisque je n'avais jamais observé la diapédèse, et que, d'ailleurs, le temps devait leur manquer pour une si longue translation.

D'où venaient donc les globules blancs ? Où allaient-ils ? Je voulus étudier le rôle de la rate à cet égard, et ce fut là l'origine de mes recherches sur la physiologie de cet organe, que j'exposerai dans le chapitre suivant.

Il me reste maintenant, et avant d'étudier les effets de l'alcool sur la nutrition en général, à expliquer l'absence de diapédèse dans mes expériences.

Déjà, par des examens minutieux des différents organes

___

(1) *Archives de physiologie : de l'Influence du curare sur la quantité de lymphe et l'émigration des globules blancs du sang.* — Janvier-février 1875.

de plusieurs alcooliques, j'étais arrivé à cette conclusion que le tissu conjonctif embryonnaire, résultat évident d'une diapédèse abondante de globules blancs, ne se rencontre pas dans tous les points du corps, et que des organes atteints chez certains alcooliques sont au contraire indemnes chez d'autres, et réciproquement. D'après ces observations, le résultat de mes examens sur la membrane interdigitale des grenouilles soumises à l'action prolongée de l'alcoolisme ne présenterait donc rien d'insolite. Mais, de plus, Cohnheim (1) a démontré la nécessité de l'inflammation des parois des vaisseaux pour la production de la diapédèse; or, si les vaisseaux que j'examinais étaient gorgés de leucocytes, ils n'en étaient pas pour cela arrivés, même sous l'influence de deux mois d'alcoolisme, à cet état inflammatoire indispensable à la migration des globules blancs à travers les parois des vaisseaux adultes.

Enfin les vaisseaux de la membrane interdigitale ne peuvent être exposés à l'inflammation, comme ceux qui appartiennent aux organes parenchymateux et qui, pour concourir aux actes physiologiques des organes auxquels ils appartiennent, subissent normalement une tension sanguine considérable.

EFFETS DE L'ALCOOL SUR LA NUTRITION EN GÉNÉRAL

Les expériences faites, jusqu'à ce jour, pour rechercher l'action de l'alcool sur la nutrition, tendent à démontrer que

______

(1) *Archives de physiologie*, novembre 1873 : *Nouvelles Recherches sur l'inflammation*, par Cohnheim, p. 748.

l'alcool est un aliment d'épargne, " en ce sens qu'il empêche en quelque sorte la dénutrition d'aller aussi vite (1)."

Au contraire, les faits que j'ai observés dans le cours de
mes recherches me paraissent démontrer que l'alcool est un
aliment de dépense, c'est-à-dire qu'il détermine la régres-
sion des tissus au profit d'une activité fonctionnelle générale.

Mes observations se rapportent à six grenouilles soumises,
l'été dernier, à l'action des inhalations alcooliques, chaque
jour, pendant deux mois, et à une chienne alcoolisée, elle
aussi, chaque jour, pendant la gestation et après la parturition, c'est-à-dire pendant l'allaitement.

Les six grenouilles dont je parle étaient arrivées progres-
sivement, sous l'influence des inhalations alcooliques, à un
état de maigreur telle, qu'à la fin de l'expérimentation,
c'est-à-dire après deux mois, elles avaient une apparence
vraiment squelettique, sans avoir cependant perdu leur
vivacité. Les autres grenouilles du laboratoire, provenant
de la même acquisition et placées dans les mêmes conditions,
mais non alcoolisées, présentaient au contraire des masses
musculaires très-volumineuses, et n'avaient nullement
l'aspect décharné des premières. J'ai regretté de n'avoir pas
fait de pesées; mais la différence dans le volume des unes
et des autres était si grande, elle frappait tellement le regard,
qu'il n'était pas besoin d'une autre mesure.

Si maintenant on rapproche le fait de l'amaigrissement
extrême de mes grenouilles, de celui de la présence constante de globules blancs dans les vaisseaux après chaque
inhalation, comme après la digestion d'un repas, on pourra,
je pense, conclure à une véritable autophagie de leur part,

(1) Bocker, *Dictionnaire encyclopédique*, t. II, p. 584.

sous l'influence de l'alcool. D'ailleurs le foie de ces grenouilles était sain, et, comme il n'existe aucun organe mieux disposé que lui à la sclérose, j'en ai conclu à l'absence de toute lésion d'un autre organe, capable d'expliquer le phénomène de leur consomption.

J'arrive à l'observation d'une chienne soumise, elle aussi, aux inhalations alcooliques, avant et après la parturition.

Cette chienne, qui vit encore, était au nombre des trois chiens que j'avais élevés depuis leur naissance, pendant un an, pour servir à des recherches sur l'alcoolisme (les deux autres, des mâles, ont été sacrifiés à l'occasion de mes expériences sur la rate).

Je l'avais choisie pour l'étude des effets de l'alcoolisme chronique, à cause de sa grande docilité, mais j'ignorais qu'elle fût en état de gestation.

Quoi qu'il en soit, après un mois d'expériences, elle mit bas dans la caisse où elle subissait l'influence des inhalations alcooliques, et j'eus l'idée de lui conserver ses petits, au nombre de deux, pour étudier l'effet de l'alcool sur la lactation. Après trois jours de repos, je la remis en expérience, et, pendant un mois, chaque jour, après avoir produit l'ivresse sur elle, je la plaçais à côté de ses petits.

Or, sous l'influence de l'alcool et malgré une bonne nourriture, la chienne maigrit beaucoup ; mais ses petits ne souffrirent nullement, et ils trouvèrent dans l'abondance du lait maternel les éléments d'un embonpoint exagéré. De ces jeunes chiens, l'un est mort accidentellement à deux mois, l'autre a été adopté par un de mes amis à cause de sa beauté et de sa gentillesse.

Il n'y a donc pas tarissement du lait sous l'influence de l'alcoolisme ; mais au contraire augmentation dans la quantité produite normalement, par une déperdition interstitielle générale, qui a pour conséquence un amaigrissement considérable.

Tels sont les faits qui ont attiré mon attention et que j'ai cru devoir rapporter; parce qu'ils m'ont paru intéressants. Dans mes expériences, d'ailleurs, j'ai cherché autant que possible à éviter les causes d'erreur (1): ainsi, des troubles digestifs capables d'amener l'amaigrissement n'ont pu être produits par l'emploi exclusif des inhalations alcooliques; de plus, l'alcool a été le seul agent des effets produits, puisque ses vapeurs seules ont agi, soit par absorption cutanée, soit par absorption pulmonaire. On ne peut non plus accuser de brutalité excessive les moyens employés; car si l'alcoolisme, dans chaque expérience, a été poussé assez loin pour que les résultats fussent bien évidents, il a été assez modéré pour permettre aux grenouilles de survivre plusieurs mois, et à la chienne d'être actuellement en parfaite santé. Enfin, mes observations sur la circulation des grenouilles alcoolisées ont montré le mécanisme intime de l'amaigrissement, c'est-à-dire l'apparition des globules blancs après chaque inhalation, globules blancs qui sont évidemment le résultat de l'absorptiou interstitielle par les lymphatiques, puisqu'il est impossible d'admettre, après les expériences que j'ai

(1) En effet, en expérimentant comme l'a fait M. Maurice Perrin (*Dict. encyclopédique*, Ire série, t. II, p. 585), c'est-à-dire en comparant la quantité d'acide carbonique exhalé après un repas où entrent des boissons alcooliques à doses modérées, par rapport à celle qui s'exhale après un repas où entre de l'eau seulement, on obtient des effets multiples : l'alcool ingéré dans ces conditions agit sur la fermentation stomacale et sur la muqueuse gastrique, avant d'avoir une influence sur la nutrition proprement dite. Les résultats obtenus ont donc trait plutôt à l'effet de l'alcool sur la digestion, qu'à l'effet de l'alcool sur la nutrition.

relatées dans la seconde partie de ce chapitre, que les leucocytes puissent retourner par migration à travers la paroi des vaisseaux, dans les espaces lymphatiques.

D'ailleurs les faits que je viens d'exposer sont corroborés par celui de l'amaigrissement des buveurs d'eau-de-vie (1). On doit donc considérer l'alcool comme une cause de déperdition pour les tissus, et non comme un aliment d'épargne.

(1) Je tiens de source certaine que les chevaux qu'on soumet à l'influence de l'alcool pour obtenir d'eux, pendant quelques instants, la plus grande vitesse possible (c'est un moyen employé par les contrebandiers) maigrissent beaucoup, malgré une nourriture excellente et un repos presque constant, et qu'ils succombent à une consomption rapide.

CHAPITRE II

DE LA DILATATION DE LA RATE,
A L'ETAT NORMAL ET A L'ETAT PATHOLOGIQUE

Comme on l'a vu dans le précédent chapitre, c'est à l'occasion de la présence d'un grand nombre de globules blancs dans les vaisseaux de la membrane interdigitale de grenouilles alcoolisées, et pour m'éclairer sur leur point de départ comme sur leur évolution finale, que j'entrepris d'étudier le rôle physiologique de la rate pendant l'alcoolisme aigu.

J'eus alors la pensée d'examiner, chez la grenouille, sous le champ même du microscope, l'état de la circulation du sang dans les vaisseaux spléniques.

Mes premières expériences ne donnèrent pas d'abord de résultats positifs; je ne connaissais pas la région que j'examinais, et je ne pus accorder assez de confiance aux faits observés. Ce ne fut même qu'après de patients examens, et en blessant la rate pour faire refluer le sang de la veine splénique vers son intérieur, que je pus m'assurer du point de départ et de la terminaison des vaisseaux que me montrait le microscope.

J'ai dû chercher aussi le mode d'installation de la région splénique, sous le microscope, le plus clair et le moins compromettant pour la circulation; encore ne suis-je arrivé à des résultats certains qu'en agissant avec les plus grandes précautions.

Voici le procédé d'expérimentation qui m'a paru le
meilleur.

PROCÉDÉ D'EXPÉRIMENTATION

On choisit une grenouille vigoureuse, assez grosse, mais
dont le ventre ne paraisse pas dilaté par des œufs, qui, en
s'échappant, gêneraient l'observation.

On la soumet aux inhalations d'air imprégné d'alcool,
jusqu'à résolution complète des muscles de la vie de relation.
On examine ensuite la circulation dans la membrane interdigitale, sous le champ du microscope, et l'on attend le
rétablissement complet de la circulation, pour juger de
l'abondance des globules blancs dans l'intérieur des vaisseaux. S'il y a lieu, on alcoolise la grenouille sous le champ
même du microscope, en faisant arriver, comme je l'ai déjà
indiqué, le courant d'air alcoolisé sous une petite cloche qui
recouvre l'animal, à l'exception de la patte examinée ; et l'on
obtient ainsi une augmentation du nombre des globules
blancs graduellement croissante.

Quand la circulation est rétablie, la grenouille restant
anesthésiée, on ouvre l'abdomen, entre la ligne blanche et
l'artère épigastrique, pour éviter l'hémorrhagie ; il faut aussi
se garder de prolonger trop haut l'incision, de peur que le
foie n'accompagne l'intestin pendant son expulsion.

On saisit ensuite avec des pinces fines l'estomac de
l'animal, qui est la portion de son canal alimentaire la plus
résistante, et on l'entraîne au dehors en même temps que
les autres parties du tube digestif placées au-dessous de
lui.

On étale alors le mésentère en plaçant des épingles fines
sur l'intestin même, et non en dedans ; car, sans cette

précaution, on aurait presque certainement des hémorrhagies qui saliraient la région.

La rate se trouve au milieu du mésentère, à peu près à égale distance de l'estomac et du cœcum ; elle est comprise dans une duplicature du péritoine qui la relie au mésentère par son hile.

Son artère vient de l'aorte et présente un volume bien inférieur à celui de la veine, qui est unique et se jette, après un très court trajet, dans la veine porte.

Trois autres artères, venant aussi de l'aorte, traversent le mésentère au voisinage de la rate : ce sont deux mésentériques et une colique. Les veines correspondantes se jettent aussi dans la veine porte qui se trouve placée en dedans des autres vaisseaux de la région par rapport à l'axe vertical du corps de l'animal.

Pour voir si tous les vaisseaux fonctionnent, on commence par un examen d'ensemble, sous le champ du microscope, avec l'objecfif et l'oculaire n° 1 de Nachet ; puis on remplace l'oculaire n° 1 par l'oculaire n° 4, qui donne avec l'objectif n° 1 un grossissement suffisant pour l'observation exacte des globules blancs.

Résultats des expériences

I

Dans tous les examens de la région splénique auxquels je me suis livré, j'ai toujours remarqné une différence capitale dans le nombre des globules blancs contenus dans les veines de la région, par rapport à celui des mêmes corpuscules renfermés dans les artères. Les artères ne contiennent pas ou presque pas de leucocytes, tandis que toutes les veines, y compris la veine splénique, en renferment dans des proportions considérables.

Ce fait, qui a le premier attiré mon attention, est très important, car il montre bien que la rate fournit des globules blancs au sang de la veine porte. Il fait voir aussi que les ganglions mésentériques, en fournissant aux veines mésaraïques les mêmes éléments, concourrent ainsi, avec la rate, à alimenter le système porte hépatique.

II

J'ai toujours observé encore qu'au moment où le nombre des corpuscules lymphatiques contenus dans la veine porte était assez élevé pour amener la dilatation de ce vaisseau, il y avait dilatation simultanée de l'organe splénique,

III

De même, j'ai constaté que le cours du sang dans l'artère et la veine splénique était toujours plus ou moins ralenti, lorsque la rate augmentait ainsi de volume; dans certains cas, il est complétement interrompu.

IV

Il m'a été donné même de voir le sang de la veine porte refluer vers la rate par la veine splénique; sous cette influence, la dilatation de l'organe splénique acquiert des proportions extraordinaires.

V

Mais en comprimant la veine porte dans un point de son trajet inférieur à l'abouchement de la veine splénique, c'est-à-dire en suspendant l'arrivée du sang vers la rate et vers le foie, j'ai pu rétablir la circulation normale dans l'artère et dans la veine splénique. Ce fait du rétablissement de la circulation dans la rate, lorsque la tension du sang a été diminuée dans la veine porte, montre clairement que la dilatation de l'organe splénique et la stase du sang dans ces vaisseaux, sont le résultat d'un équilibre de tension dans l'artère splénique et dans la veine porte. De ce dernier fait il résulte encore que l'accumulation des globules blancs dans le système porte hépatique, sous l'influence de l'alcoolisme, produit une augmentation de tension dans la veine porte.

Après avoir obtenu ces résultats sur des grenouilles alcoolisées, j'ai voulu, pour m'assurer de leur exactitude, répéter la même expérience sur un chien. Dans ce but, j'ai produit l'alcoolisme aigu sur l'un des trois chiens que j'avais élevés et dont j'ai parlé précédemment.

EXPÉRIENCE SUR UN CHIEN

pour vérifier l'exactitude des résultats fournis par l'examen de la rate chez des grenouilles alcoolisées.

Le 23 novembre 1875, un chien de taille moyenne, noir, marqué de blanc au cou et au ventre, âgé de treize mois, est soumis aux inhalations alcooliques, de neuf heures du matin jusqu'à une heure du soir; l'animal est à jeun.

Etaiént témoins de l'expérience: MM. le professeur Estor, le Dr Carrieu, le Dr Mairet, Lannegrâce, prosecteur; Bordone, préparateur.

Pendant la première heure, le chien reste debout, sans se plaindre, dans la caisse où arrive l'air imprégné d'alcool. Pendant la première partie de la seconde heure, l'animal pousse des gémissements plaintifs; vers la fin de la seconde heure, il se couche, mais il relève la tête vivement lorsqu'on frappe sur la vitre qui recouvre la caisse; pendant la troisième heure, l'animal est encore sensible à l'appel, mais faiblement; pendant la quatrième heure, il devient complétement insensible: il parait mort. Le bruit d'une respiration régulière et sonore, entendue par l'application directe de l'oreille sur la caisse, permet seul de constater l'accomplissement des principales fonctions.

A une heure, le chien est placé sur la table des vivisections: la bouche est légèrement écumeuse, l'œil à demi clos et éteint; la sensibilité cutanée et le mouvement sont complétement abolis; le pouls est plein, régulier; la respiration se fait bien.

Ces faits constatés, on pratique rapidement la splénotomie: les vaisseaux sont coupés entre deux ligatures.

La rate est énorme, et plus que doublée de volume, par rapport à celle d'un autre chien de la même portée, sacrifié le lendemain dans des conditions semblables; mais non alcoolisé.

Après la splénotomie, pour l'examen du sang, on découvre l'artère et la veine fémorales; l'artère, par sa coloration foncée, diffère peu de la veine.

Le sang, examiné immédiatement après sa sortie des vaisseaux et sans addition de réactifs, par M. le professeur Estor et M. le Dr Mairet, montre au microscope les globules crénelés pour la plupart; les globules blancs sont très nombreux.

La numération exacte des globules blancs et des globules rouges, soit dans le sang veineux, soit dans le sang artériel, ne peut être obtenue à cause de la coagulation instantanée du sang dans le capillaire aspirateur; mais une numération approximative permet de regarder le nombre des globules blancs, considérablement accru, comme cinq fois plus élevé dans le sang veineux que dans le sang artériel.

Des coupes minces de la rate, pratiquées quelques jours après l'expérience, indiquent une disparition complète des corpuscules de Malpighi.

En analysant les faits contenus dans cette expérience, on verra que les effets produits sont les mêmes chez la grenouille et chez le chien.

En effet, chez la grenouille et sous l'influence de l'alcoolisme aigu, nous avons vu la rate fournir des globules blancs; mais l'absence des corpuscules de Malpighi dans la rate du chien alcoolisé ne prouve-t-elle pas que, tout d'abord, elle a fourni, elle aussi, une quantité considérable de globules blancs? Quant à la congestion de la rate observée chez la grenouille après les inhalations alcooliques, elle est clairement démontrée, chez le chien, par la différence considérable de volume qui existe entre les rates de deux chiens de même âge et de même origine, dont l'un est alcoolisé et l'autre à l'état normal.

Il en est de même de la disproportion numérique des globules blancs contenus dans le système veineux et le système artériel et chez la grenouille et chez le chien.

De plus, et le fait est très important, comme nous le verrons dans le chapitre IV, l'examen du sang, chez le chien, montre que les globules rouges s'altèrent sous l'influence de l'alcoolisme aigu.

En résumé, on voit qu'il existe la plus grande parité entre

les résultats obtenus chez la grenouille, sous l'influence des inhalations alcooliques, et ceux qu'on observe chez le chien dans les mêmes conditions d'expérience.

Il m'est donc permis de considérer comme exacts tous les faits relatifs à la physiologie de la rate que l'examen microscopique m'a révélés chez les grenouilles alcoolisées.

J'ai maintenant à montrer les conclusions que l'on doit tirer de ces faits, pour servir à l'étude de la dilatation de la rate.

Or les résultats obtenus peuvent se résumer ainsi qu'il suit:

1º Lorsqu'il n'y a pas, sous l'influence de l'alcoolisme, accumulation de leucocytes dans la veine porte, le sang circule librement dans les vaisseaux spléniques, et la rate fournit des globules blancs.

2º Lorsqu'il y a accumulation considérable de leucocytes dans la veine porte, il se produit, sous l'influence de la tension qu'elle supporte, une dilatation de la rate, avec gêne ou arrêt de la circulation dans les vaisseaux spléniques.

CONCLUSIONS TIRÉES DES FAITS OBSERVÉS PENDANT L'ALCOOLISME

Je ne m'occuperai pas ici de la rate comme organe producteur de globules blancs, renvoyant cette étude au prochain chapitre.

Quant aux faits relatifs à la dilatation de la rate, je pourrai en déduire que, dans l'alcoolisme aigu, la congestion de la rate est un acte essentiellement passif, et que la cause de cette congestion est la tension produite dans la veine porte par l'accumulation des leucocytes dans ses ramifications (voir fig. 3, *a a*). Il y a alors équilibre de tension entre la veine porte et l'artère splénique, et la rate augmente de volume en vertu de son élasticité, parce qu'elle supporte un excès de pression intérieure. Ainsi s'explique l'interruption qui se produit dans la circulation du sang des vaisseaux spléniques.

DILATATION DE LA RATE A L'ÉTAT PHYSIOLOGIQUE

Voyons maintenant si des causes analogues peuvent être invoquées pour expliquer l'ampliation de la rate à l'état normal ou pathologique, et si un arrêt de la circulation splénique en est aussi la conséquence.

Je commencerai par l'étude de la congestion de la rate à l'état physiologique :

1° Dilatation de la rate après l'ingestion de liquides dans l'estomac

On sait que l'ingestion de liquides dans l'estomac amène rapidement la dilatation de l'organe splénique ; mais on sait aussi que les boissons passent très vite, par absorption, du tube digestif dans les veines afférentes à la veine porte, et qu'elles viennent accroître en même temps le volume du sang poussé vers le foie. On peut donc concevoir qu'il y ait tension dans la veine porte et, comme conséquence, gêne dans la circulation splénique, par équilibre de tension dans la veine porte et dans l'artère splénique.

2° Dilatation de la rate pendant la digestion

De même, si, à la dernière période de la digestion, pendant la chymification, l'organe splénique éprouve une dilatation considérable, c'est qu'à ce même moment la veine porte charrie une quantité énorme de globules blancs; ces corpuscules, par leur présence, ralentissent, comme dans l'alcoolisme, la vitesse du courant sanguin dans le foie, et la tension que subit la veine porte produit certainement, là aussi, la dilatation de la rate par le même mécanisme.

J'ajouterai que, dans ces deux cas, la circulation de la rate est plus ou moins complétement interrompue, comme je l'ai observé chez les grenouilles; et, pour démontrer que l'affirmation que j'émets de cette interruption de la circulation n'est pas le résultat d'une vue théorique, j'invoquerai l'appui des expériences de MM. Estor et Saintpierre sur le sang de la veine splénique (1).

Ces expérimentateurs ont en effet démontré, par l'analyse des gaz du sang, que, pendant la digestion ou après l'ingestion d'une certaine quantité de lait, les veines spléniques ne contiennent que 6 centimètres cubes d'oxygène pour 100 centimètres cubes de sang, tandis que, pendant l'intervalle de la digestion, elles renferment 11 centimètres cubes d'oxygène pour le même volume de sang. Or si, pendant sa dilatation, l'organe splénique ne fournit pas un sang plus oxigéné, n'est-ce pas parce que la circulation ne s'y fait plus, ou du moins ne s'y fait que lentement?

CONCLUSIONS RELATIVES A LA DILATATION DE LA RATE
A L'ÉTAT NORMAL

On peut donc dire qu'à l'état physiologique, comme sous l'influence de l'alcoolisme aigu, la dilatation de la rate est un acte essentiellement passif, ayant pour cause un équilibre de tension entre la veine porte et l'artère splénique, et

(1) *Journal d'anatomie et physiologie*, Paris, 1875.

comme conséquence l'interruption du courant splénique destiné à alimenter le système porte hépatique, lorsque la tension est moindre dans ce dernier.

Ces conclusions permettent de comprendre le rôle de la rate, soit pendant la digestion, soit dans l'intervalle des digestions.

1° Fonction de la rate pendant la digestion

Pendant la digestion, la rate subit l'influence de la tension de la veine porte; elle se dilate et cesse de fournir du sang au système porte hépathique.

2° Fonction de la rate dans l'intervalle des digestions

Dans l'intervalle des digestions, elle fournit, au contraire, les matériaux de nutrition nécessaires à la fonction du foie.

DILATATION DE LA RATE A L'ÉTAT PATHOLOGIQUE

Jetons maintenant un coup d'œil sur les congestions splé-niques d'ordre pathologique.

Je ne m'arrêterai pas à l'explication de la dilatation de la rate accompagnant la cirrhose hépatique: dans ce cas, l'obstacle à la circulation de la veine porte est rendu permanent par l'oblitération de ses réseaux capillaires, et les auteurs (1) s'accordent à voir dans cet état du foie l'unique cause de l'augmentation du volume de l'organe qui nous occupe.

Je m'adresserai de suite aux maladies accusées de

(1) *Dict onnaire encyclopédique,* 3e série, t. II, 2e partie, p. 449 et 467.

produire ces congestions de la rate qu'on nomme dynamiques ou fluxionnaires, et je chercherai à démontrer par des faits que ces congestions sont purement passives, comme dans mes expériences ou dans les autres cas que je viens de passer en revue.

Occupons-nous d'abord de la leucocythémie. On sait que cette affection, qui s'accompagne presque toujours du gonflement de la rate, a été considérée par tous les auteurs comme la cause et non comme la conséquence de la congestion splénique; on lui a même donné, pour cette raison, le nom de *leucocytémie liénale*. Il n'en est rien cependant et on en trouvera une preuve, je pense, dans l'examen du foie d'un leucocythémique par M. A. Kelsch (1). Cet auteur, en effet, a vu au microscope, sur des préparations de l'organe hépatique, le système capillaire des acini littéralement injecté de globules blancs, en même temps qu'en un grand nombre de points les rameaux veineux interlobulaires, c'est-à-dire les ramifications de la veine porte, étaient entourés d'amas diffus de globules blancs. Or peut-on trouver une meilleure preuve de la tension de la veine porte, tension dont la puissance avait été assez grande pour produire une diapédèse énorme, et cette tension ne doit-elle pas être considérée encore ici comme la cause de la dilatation de la rate?

Il est à regretter que je n'aie, pour m'appuyer, qu'un seul examen du foie de leucocythémique; mais, si l'on veut bien se reporter à mes expériences, dans lesquelles j'ai produit par l'alcoolisme une leucocythémie passagère, on aura, je crois, une complète assurance de la généralité du fait.

(1) *Archives de physiologie : Note pour servir à l'anatomie pathologique de la leucémie*, par M. A. Kelsch. Mai-juillet 1875.

J'emprunterai à un mémoire du même auteur (1) les preuves de la passivité de la congestion splénique dans les fièvres paludéennes. M. Kelsch a eu l'occasion d'étudier en Afrique, sur un grand nombre de sujets, l'anatomie pathologique des maladies palustres endémiques; il a constaté, entres autres faits pleins d'importance, chez ses malades, une diminution énorme et rapide du chiffre des globules rouges, s'accompagnant en général d'une disparition plus grande encore de globules blancs.

Cependant les résultats constants de l'examen de la veine porte et du foie, à l'autopsie des malades décédés, dans laquelle l'auteur étudie principalement la mélanémie paludéenne, montrent bien que c'est encore à la tension exagérée du sang dans la veine porte, par accumulation de leucocytes dans ses ramifications, qu'il faut attribuer la congestion splénique dans les fièvres intermittentes. On voit, en effet, lorsqu'on analyse les autopsies pratiquées par M. Kelsch, qu'une quantité énorme de globules blancs se trouve mêlée au sang de la veine porte; on voit aussi que ces corpuscules y séjourneut, puisqu'ils finissent, en agissant comme hématophages (2), par devenir des cellules pigmentaires d'un volume considérable. L'examen du foie démontre surabondamment aussi qu'il existe dans les ramifications de la veine porte la même abondance de corpuscules lymphatiques; cette abondance est si grande dans certains cas qu'elle arrive par diapédèse à produire l'hépatite interstitielle. Il existe donc un obstacle à la circulation du sang dans

(1) *Archives de physiologie : Contribution à l'anatomie pathologique des maladies palustres endémiques,* par M. A. Kelsch. Août et septembre 1875.

(2) *Archives de physiologie : Migration et métamorphose des globules blancs,* par M. Ch. Rouget. Novemb. et décembre 1874.

le système porte hépatique, et l'on comprend sans peine l'influence que peut avoir sur la congestion de la rate la tension exagérée qu'il supporte.

D'après ces faits, il est évident que, dans la fièvre paludéenne, la dilatation de la rate, loin d'être active, est essentiellement passive ; il est clair aussi qu'il existe la plus grande analogie entre l'effet de l'alcoolisme et celui de la fièvre intermittente sur la rate et le foie.

Comment expliquer maintenant, en présence de la destruction, dans les fièvres palustres, des globules rouges et des globules blancs, l'accumulation des leucocytes dans la veine porte ? J'essayerai de donner l'explication de cette coïncidence, en apparence singulière, en comparant ce fait de la diminution du nombre des globules sanguins à celui d'une hémorrhagie.

Que se passe-t-il après une hémorrhagie abondante? Les saignées tendent à augmenter la quantité de la lymphe (1) ; de plus, il est démontré que la rate augmente de volume après les hémorrhagies, pour ne revenir à son état primitif qu'au moment de la disparition de l'anémie. Eh bien! dans la fièvre paludéenne, la même cause produit le même effet ; la destruction des globules du sang équivaut à une saignée, et il y a, comme après l'hémorrhagie, production de globules blancs réparateurs, dont la présence dans la veine porte amène la dilatation de la rate par le mécanisme que j'ai exposé: si la réparation ne se fait pas, c'est que la cause destructive persiste, que l'hémorrhagie continue, si l'on aime mieux.

(1) *Études physiologiques et pathologiques sur l'excrétion de la lymphe,* par H. Emminghaus, de Wurtzbourg (*Arch. der Heilk.,* 1874, p. 369).

Je n'expliquerai pas la dilatation de la rate consécutive aux hémorrhagies; j'en suis dispensé par ce que je viens de dire, et l'on n'aura, je l'espère, aucun doute sur la nature essentiellement passive de cette dilatation.

J'en arrive à l'étude des causes de la congestion de la rate dans la fièvre typhoïde; mais ici je manque des faits précis, des preuves évidentes, qui m'ont servi à la démonstration de la passivité de la rate dans les fièvres palustres; on n'a pas fait, que je sache, pour la fièvre typhoïde, le travail que M. Kelsch a réalisé pour les fièvres maremmatiques; les autopsies pratiquées sur des typhiques ont été incomplètes. Je ne trouve qu'un seul fait capable d'éclairer la question, et, je dois le dire, il est favorable à la théorie de la dilatation de l'organe splénique par tension de la veine porte; le voici: le Dr Eichhorst (1) a rencontré, dans une série d'examens, sur un sujet atteint de fièvre typhoïde, dans chaque goutte de sang, deux à quatre cellules volumineuses renfermant de deux à cinq disques jaune clair, un peu plus foncés toutefois que les hématies, mais qu'il regarde cependant comme de véritables globules rouges; le nombre des globules blancs n'était pas augmenté chez le malade. Or il est bien permis de penser que des cellules si volumineuses sont capables d'oblitérer les capillaires périlobaires du foie, si, ce qui est infiniment probable, la veine porte en contient aussi. Toutefois, il faut le reconnaître, une probabilité n'équivaut pas à la certitude d'un fait. Je dois donc attendre de nouvelles recherches sur l'anatomie pathologique de la fièvre typhoïde pour donner une démonstration précise de la cause de la congestion splénique dans cette maladie.

Je borne là cette étude de l'étiologie de la congestion de la

(1) *Une découverte curieuse dans le sang d'un typhoïde*, par le Dr Eichhorst (*Deutsch. Arch. f. klin. med.*, XV vol., pag. 223).

rate ; les faits que j'ai observés moi-même dans mes expériences, ceux que j'ai empruntés à la science, constituent d'ailleurs un ensemble suffisant de preuves pour qu'il soit permis de croire à la passivité de l'organe splénique dans tous les cas où sa dilatation s'observe, soit à l'état normal, soit à l'état pathologique.

RÉFLEXIONS A L'OCCASION DES FAITS CONTENUS DANS CE CHAPITRE

A ces conclusions sur la physiologie de la rate, objet de ce travail, j'ajouterai quelques réflexions accessoires qui m'ont été suggérées par les faits contenus dans ce chapitre:

1° Si la circulation est interrompue dans l'organe splénique pendant la digestion, et reparaît au contraire dans l'intervalle, on peut en déduire cette conséquence: la rate alterne dans ses fonctions avec l'appareil intestinal.

2° Puisque l'alcoolisme, la leucocythémie, la fièvre intermittente, les hémorrhagies, produisent, comme la digestion, l'accumulation des globules blancs dans le système porte hépatique, on est en droit de considérer ces différentes causes comme des provocations à la digestion des éléments propres de l'organisme, c'est-à-dire à une véritable *auto-phagie*, ainsi que le prouve encore l'amaigrissement dans ces différents cas.

3° L'apparition rapide des globules blancs dans le sang, en dehors de la digestion, coïncide avec des pertes éprouvées par lui dans le chiffre des globules rouges; car l'alcoolisme, la leucocythémie, la fièvre intermittente, les hémorrhagies, s'accompagnent de l'altération et de la destruction d'une grande quantité de globules rouges.

CHAPITRE III

DE L'ACTION PHYSIOLOGIQUE DE LA RATE SUR LES GLOBULES BLANCS ET LES GLOBULES ROUGES DU SANG

Je n'entreprendrai pas ici de faire l'histoire de tous les travaux qui ont été publiés, de toutes les opinions qui ont été émises sur le point de la physiologie splénique qui fait l'objet de ce chapitre. Des expériences nombreuses, mais contradictoires, des interprétations différentes des faits observés, loin d'éclaircir la question, ont au contraire augmenté l'incertitude. En résumé, les dernières recherches de M. Malassez et celles de MM. Jean Tarchanoff et H. Swaen tendraient à détruire l'opinion antérieurement professée, de la formation des globules blancs dans l'organe splénique; celles de M. Malassez sembleraient même démontrer le rôle hématopoiétique de la rate.

Il importe donc d'établir clairement le rôle physiologique de la rate à l'égard des globules sanguins, blancs et rouges; c'est là le but que je me propose et que je vais essayer d'atteindre dans ce chapitre.

Je démontrerai successivement:

1° Que la rate est un organe facteur de globules blancs;

2° Que les globules blancs, formés dans la rate, sont constitués aux dépens des globules rouges détruits.

1° La rate est un organe facteur de globules blancs

Les faits que j'ai observés, en examinant, sous le champ du microscope, la circulation sanguine dans les vaisseaux de la rate chez des grenouilles alcoolisées, montrent bien qu'il en est réellement ainsi. En effet, les parois de la veine splénique sont entièrement tapissées à leur intérieur de globules blancs; l'artère splénique, au contraire, n'en contient aucun, ou si elle en renferme, ce n'est qu'en proportions très minimes.

C'est là un fait que j'ai toujours constaté dans dix examens attentifs, auxquels ont pris part les histologistes habitués du laboratoire ou autres qui ont bien voulu y porter attention. Il est donc certain que des globules blancs sont formés dans la rate, puisque, sous l'influence de l'alcoolisme aigu et lorsque la circulation se fait régulièrement dans les vaisseaux spléniques, on voit toujours le sang de la veine splénique entraîner une quantité considérable de leucocytes, tandis que le sang de l'artère splénique n'en apporte pas ou presque pas.

Mais, alors, comment expliquer les résultats obtenus par M. Malassez (1) et MM. Jean Tarchanoff et H. Swaen (2) ?

D'après les numérations de M. Malassez, le nombre des hématies du sang artériel chez le chien est à celui des hématies du sang veineux splénique : : 100 : 111 sur l'animal à jeun et : : 100 : 121 sur l'animal en digestion. Ces chiffres sembleraient indiquer que la rate ne fournit pas de globules blancs, mais bien des globules rouges. Mais si l'on tient

(1) *Dictionnaire encyclopédique*, 3ᵉ série, tom. II, p. 446.

(2) *Archives de physiologie*, mai-juillet 1875 : *des Globules dans le sang des vaisseaux de la rate*, par MM. Jean Tarchanoff et H. Swaen

compte du nombre et du volume des lymphatiques dans la rate, comme le fait observer M. Robin, il sera facile d'expliquer la plus grande proportion des hématies dans les veines, par l'absorption qui est exercée sur des principes du sang riches en eau de constitution (Robin).

Les numérations de M. Malassez ne sont donc pas une preuve suffisante de la formation des globules rouges du sang dans la rate.

Examinons maintenant les faits observés par MM. Jean Tarchanoff et H. Swaen.

Ces auteurs, en expérimentant sur des chiens vivants, ont trouvé le sang des veines spléniques moins riches en leucocytes que celui des artères; il semblerait donc, d'après ces résultats, que la rate détruit les globules blancs plutôt qu'elle n'en produit. Mais je ferai observer que MM. Jean Tarchanoff et H. Swaen, au lieu d'expérimenter, comme je l'ai fait, sur des animaux à sang froid, c'est-à-dire à température intérieure voisine de la température ambiante, ont, au contraire, pratiqué leurs expériences sur des chiens, dont la température intérieure dépasse de beaucoup la température ambiante.

Or on sait que, sur les animaux à sang chaud, le gonflement de la rate accompagne toujours l'ouverture de l'abdomen; il est donc probable que, sous l'influence du froid et aussi de la pression exercée par la main pour saisir l'organe et l'entraîner, il y a excitation suffisante des ganglions nerveux décrits par Muller, qui sont placés sur le trajet des nerfs spléniques, pour amener leur paralysie et, conséquemment, la paralysie plus ou moins complète des fibres musculaires des vaisseaux spléniques. Ce qui semblerait indiquer davantage encore que la paralysie est la cause de la dilatation de la rate, c'est qu'il ressort des expériences de MM. Jean Tarchanoff et H. Swaen que, à la suite de la section du nerf splénique, lorsque les fibres musculaires de la rate sont complétement paralysées et que l'organe est devenu très volumineux, on trouve une diminution plus considérable des globules blancs dans la veine, par rapport à celle observée avant la section ; le phénomène est le même, mais plus accusé, et les résultats suivent cette gradation.

Mais, s'il y a paralysie, comment l'enveloppe des follicules de Malpighi pourra-t-elle expulser son contenu et fournir au sang veineux de la rate les globules blancs qu'elle émet normalement ? Le fait seul de la paralysié de la tunique musculaire des vaisseaux spléniques expliquerait donc le défaut d'excrétion des leucocytes. Mais, de plus, s'il y a paralysie, il y a dilatation des vaisseaux et le sang circule en plus grande abondance. Cet afflux du sang amène la réplétion de la veine porte et, par conséquent, empêche l'aspiration qu'une vacuité relative de cette veine (voir chapitre IV) doit exercer sur le contenu de la rate, qui alors diminue de volume, se durcit, comme on l'observe dans l'intervalle des digestions, et peut, par ce retrait sur elle-même, expulser les globules blancs qui ont été élaborés dans la gaîne lymphatique des artères, comme nous allons le voir.

Il est donc naturel que le sang veineux de la rate ne renferme pas de leucocytes spléniques, dans les circonstances normales de dilatation où elle se trouve par le fait de l'expérimentation.

Quant à l'infériorité du chiffre des globules blancs contenus dans les veines, par rapport à celui du sang artériel, elle est évidemment la conséquence des obstacles qu'oppose la rate, par sa structure, à la circulation des leucocytes.

On voit donc que ni les résultats obtenus par M. Malassez, ni ceux qu'ont fournis les expériences de MM. Tarchanoff et H. Swaen, ne peuvent être considérés comme démonstratifs, et qu'ils ne sauraient infirmer les résultats plus certains de mes propres expériences sur les grenouilles.

Pour vérifier le fait de la formation des globules blancs dans la rate, j'ai, afin d'éviter les causes d'erreur que je viens de signaler dans les expériences de M. Malassez et de MM. Jean Tarchanoff et H. Swaen, cherché dans l'analyse d'autopsies faites avec soin la confirmation des faits que j'ai observés chez des grenouilles alcoolisées. C'est au travail de M. Kelsh sur l'*Anatomie pathologique des fièvres palustres endémiques* que je dois les éléments de cette confirmation. En effet, l'auteur écrit, à propos des veines capillaires spléniques :

« Je n'ai rien à en dire, si ce n'est que, souvent, elles ne renferment pas de traces de pigment, alors que les travées pulpaires en sont saturées. Elles sont généralement bourrées de globules blancs. »

Or d'où viennent ces globules blancs? Ils ne peuvent venir du sang artériel, qui en contient moins, toutes proportions gardées, qu'à l'état normal, comme l'indiquent des numérations pratiquées avant la mort des malades; ils ne peuvent, non plus, avoir été apportés par le reflux du sang de la veine porte vers la rate, puisque le sang qu'elle contient et celui des veines spléniques renferment surtout, et presque exclusivement, des cellules pigmentaires ; ces globules blancs ont donc été fournis par la rate elle-même, et leur présence dans les veines capillaires, qui en sont remplies, démontre clairement que l'organe splénique est un organe facteur de globules blancs (1).

(1) La rate ne peut être considérée comme un simple réservoir des globules blancs, arrêtés momentanément dans ses travées pulpaires ; car je démontrerai, dans la seconde partie de ce chapitre, que, pendant la stase sanguine, les leucocytes digèrent les globules rouges pour constituer des cellules mélanifères, et qu'ils ne pourraient, en conséquence, rester au contact des hématies sans perdre leur caractère de globules blancs.

Après avoir démontré que la rate forme des globules blancs, il me resterait encore à indiquer qu'elles sont les influences qui provoquent plus particulièrement l'émission des leucocytes formés dans la rate; mais je renvoie cette étude au chapitre suivant, dans lequel j'essayerai de montrer les causes de la disparition des corpuscules de Malpighi, et je passe à l'étude des phases du développement des globules blancs dans la rate.

**2° Les globules blancs formés dans la rate sont constitués
aux dépens des globules rouges détruits**

Je n'ai pas ici, pour appuyer cette assertion, le mérite d'observations personnelles; mais, par la relation des faits désormais acquis à la science, j'arriverai, je pense, à montrer clairement le mode de formation des globules blancs dans la rate aux dépens des globules rouges.

Tout d'abord, j'emprunterai à un mémoire publié en 1874, par M. le professeur Rouget (1), des preuves de la digestion des globules rouges par les globules blancs, en dehors des vaisseaux. J'emprunterai ensuite à un mémoire de M. Kelsh (2) la preuve de cette même digestion des globules rouges par les globules blancs dans la stase sanguine. En m'adressant au même travail, je montrerai que les globules blancs, dans la rate, après avoir digéré les globules rouges du sang et constitué en définitive des cellules mélanifères, passent de l'intérieur des artères dans la gaine lymphatique qui les entoure. Je démontrerai, enfin, par des analyses histologiques personnelles, d'autres faits acquis à la science,

(1) *Archives de physiologie*, novembre et décembre 1874: *Migrations et métamorphoses des globules blancs*, par M. Charles Rouget.

(2) *Archives de physiologie*, août et septembre 1875: *Contribution à l'anatomie pathologique des maladies palustres endémiques*, par M. A. Kelsh.

que les cellules mélanifères se débarrassent de leurs principes colorants dans la gaîne lymphatique des artères, pour aller constituer dans les corpuscules de Malpighi des leucocytes nouveaux de grandeur normale.

OBSERVATIONS DE M. LE PROFESSEUR ROUGET DÉMONTRANT L'HÉMATOPHAGIE DES GLOBULES BLANCS

M. le professeur Rouget a observé la digestion des globules rouges par les leucocytes sur des larves de batraciens. Chez ces êtres en voie de développement, la diapédèse des globules blancs et des globules rouges, seule ou accompagnée d'hémorrhagies capillaires disséminées, se produit avec la plus grande facilité sous l'influence des pressions mécaniques en apparence les plus légères. Or, en poursuivant l'examen des globules rouges et des globules blancs extravasés, M. le professeur Rouget a rencontré des globules blancs volumineux, renfermant dans leur intérieur des globules rouges ayant conservé tous leurs caractères de forme, de dimensions, de couleur, identiques en un mot à ceux qui étaient encore libres. De plus, en prolongeant l'observation sur les mêmes animaux endormis par l'eau éthérée, il a vu, au bout de quelque temps, les hématies englobées dans les leucocytes diminuer de volume, devenir globuleuses, puis changer de couleur: devenir d'abord rouge brique, puis ensuite pâlir, ne conservant plus qu'une faible teinte jaune doré, et, enfin, quelques-unes devenant complétement incolores, et disparaître. Il a observé, enfin, que dans les leucocytes qui renferment ainsi des globules rouges en voie de dissolution apparaissent des granulations pigmentaires hématiques, disséminées dans la masse du protoplasma; quelques-uns d'entre eux présentent, en outre, des granulations et même des taches pigmentaires noires.

En présence d'observations aussi précises, il est impossible de méconnaître le pouvoir d'absorption des leucocytes à l'égard des globules rouges, lorsqu'ils sont en dehors des vaisseaux ; il est évident aussi que les globules blancs sont hématophages, suivant l'expression de l'auteur, puisqu'ils digèrent complétement les hématies ingérées, en laissant comme résidu de cette élaboration nutritive la matière colorante des globules rouges du sang sous forme de granulations ou taches pigmentaires.

Or ce phénomène de digestion des globules rouges par les leucocytes ne doit-il pas se produire pendant la stase sanguine qui accompagne la dilatation de la rate, comme nous l'avons démontré, c'est-à-dire lorsque les corpuscules rouges du sang ne peuvent fuir, par la vitesse de la circulation, les mouvements amiboïdes des leucocytes capables de les appréhender à la masse de protoplasma qui les constitue ? On trouve d'ailleurs dans la rate, comme le fait remarquer M. Rouget dans son mémoire, chez beaucoup d'espèces de mammifères et chez l'homme à l'état sain, une multitude de cellules contenant des globules sanguins modifiés.

Mais, pour démontrer, par un fait d'une plus grande évidence encore, que la stase sanguine suffit pour que les globules blancs absorbent les globules rouges placés dans leur voisinage, je reproduirai le passage suivant du mémoire déjà cité de M. Kelsch :

« Le sang de la veine porte, dit-il, surtout de la portion intrahépatique, celui de la veine splénique, constituent les vrais foyers du pigment. Celui-ci y est incomparablement plus abondant que dans aucun autre point du système vasculaire. Il est quelquefois libre, le plus souvent incorporé à des éléments cellulaires. »

Or, n'est-ce pas dans la portion du système vasculaire où

il y a stase sanguine, comme je l'ai démontré dans le chapitre précédent, à l'occasion de l'étude de la dilatation de la rate, que l'on rencontre le plus de pigment incorporé à des éléments cellulaires, c'est-à dire à des leucocytes?

Il est donc certain que les globules blancs contenus dans les vaisseaux de la rate, pendant la stase sanguine qui accompagne la dilatation de l'organe, assimilent au profit de leur propre substance les éléments contenus dans les globules rouges du sang et forment, en définitive, sous l'influence de cette abondante nutrition, des masses protoplasmatiques mélanifères.

J'ai à démontrer maintenant que ces cellules protoplasmatiques pénètrent dans la gaine lymphatique des artères spléniques; mais il me suffira, pour y parvenir, de reproduire les observations de M. Kelsch à cet égard.

Observations de M. Kelsch sur la mélanémie dans les fièvres palustres endémiques, démontrant le passage des globules blancs, devenus cellules pigmentaires par digestion des globules rouges, dans la gaîne lymphatique des artères spléniques

« Les gaines lymphatiques des artères spléniques, écrit cet auteur, contiennent toujours, même dans les cas légers, des cellules mélanifères placées dans les mailles du réticulum qui confinent à la paroi artérielle. La zone périphérique de la gaîne n'en renferme pas. J'ai examiné, ajoute-t-il, des rates où des travées pulpaires étaient ex essivement pauvres en pigment, et où cependant la gaîne lymphatique des artères, dans les mailles qui confinent immédiatement à la tunique externe, en était passablement pourvue. »

Ces faits, observés sur des sujets morts à la suite de fièvre paludéenne, démontrent bien qu'il y a migration des cellules protoplasmatiques pigmentaires, de l'intérieur des artères vers la gaine lymphatique. Or, si ces phénomènes de migration s'accomplissent dans le cours des fièvres palustres, ne peuvent-ils pas se produire aussi à l'état de santé ? Il me paraît naturel qu'il en soit ainsi, car un organe ne peut avoir plusieurs physiologies. S'il est logique d'admettre que son activité s'accroît ou diminue sous certaines influences, il est inadmissible qu'il puisse éprouver des changements dans son mode d'action.

Il me reste à prouver que la matière colorante du sang contenu dans les masses protoplasmatiques est absorbée par la gaine lymphatique des artères spléniques, avant que ces masses élaborées aillent constituer dans les corpuscules de Malpighi des leucocytes nouveaux.

La coloration des gaines lymphatiques semblable à celle des globules rouges du sang, leur résistance à l'imprégnation du carminate d'ammoniaque, qui ne peut s'obtenir, comme s'il s'agissait aussi des globules rouges — faits que j'ai toujours observés sur mes préparations — me paraissent démontrer que ces gaines absorbent la matière colorante contenue dans les masses protoplasmatiques pigmentaires qui les traversent. Mais, de plus, la couleur de la lymphe contenue dans les vaisseaux lymphatiques de la rate, couleur qui rappelle celle du sang, est un indice manifeste de la décoloration que subissent les cellules mélanifères avant leur transformation en globules blancs. En effet, on ne rencontre jamais de pigment dans les corpuscules de Malpighi, qui cependant sont compris dans l'écartement des fibrilles constituant la gaine lymphatique des artères spléniques, voir (fig. 2); ils sont, contrairement à cette gaine, très-sensibles à l'action colorante du carminate d'ammoniaque, et les cellules qui les constituent, véritables globules blancs nouvellement formés, présentent un noyau très-petit, qui se colore avec la plus grande intensité. Je montrerai, dans le chapitre suivant, la voie de leur excrétion.

CONCLUSIONS

De tous les faits contenus dans ce chapitre, il résulte:

1º Que la rate a la propriété d'utiliser les matériaux de destruction du tissu sanguin ;

2º Que le résultat de ce travail est la formation de globules blancs, qui s'accumulent, sous forme d'amas volumineux, dans la gaîne lymphatique des artères spléniques (voir encore chapitre IV) ;

3º Que ces globules blancs de néoformation sont expulsés par la contraction des fibres lisses qui entrent dans la structure des gaînes lymphatiques et par la compression qu'exercent les fibres élastiques de la charpente splénique lorsqu'il y a absence de tension ou de stase sanguine dans les vaisseaux qui traversent l'organe, et vacuité relative correspondante dans la veine porte (voir encore chapitre IV)

CHAPITRE IV

DES CAUSES QUI PRODUISENT LA DISPARITION DES CORPUSCULES DE MALPIGHI, OU ÉTUDE DU MÉCANISME DE L'EXCRÉTION DES AMAS DE LEUCOCYTES CONTENUS DANS LA GAINE LYMPHATIQUE DES ARTÈRES SPLÉNIQUES.

Jusqu'ici il a été impossible de découvrir la cause de la disparition des corpuscules de Malpighi qui s'observe sur la plupart des rates humaines, puisque M. Sappey n'en a rencontré que trois fois sur quarante rates examinées. On a toutefois remarqué que, chez les sujets morts rapidement, les cholériques, les apoplectiques frappés brusquement, les suppliciés surtout, la présence des corpuscules de Malpighi était constante, mais sans qu'il fut possible d'expliquer davantage leur disparition chez les sujets ayant succombé à une mort lente. Muller, seul, semblait avoir démontré que cette absence résultait d'un défaut de nutrition, en s'appuyant sur le fait de la perte des corpuscules de Malpighi observée sur les rates d'animaux soumis à l'inanition. Mais les autres expérimentateurs (Kölliker, Ecker), qui ont soumis des animaux à l'abstinence pour étudier aussi les causes de cette disparition, ont au contraire trouvé les follicules spléniques parfaitement développés. On ne connait donc pas la cause de la disparition des corpuscules de Malpighi dans la rate.

Aussi ai-je cru utile d'attirer l'attention sur certains faits capables, je le crois, de jeter quelque lumière sur une question aussi obscure.

La première observation qui m'ait frappé est celle que j'ai faite de l'absence des corpuscules de Malpighi dans la rate du chien que j'avais soumis à l'influence de l'alcoolisme aigu, pour vérifier l'exactitude du fait de la passivité de la dilatation splénique observée chez les grenouilles soumises aux inhalations alcooliques. Sur des coupes minces très-étendues, obtenues à l'aide de mon microtome (1) et portant sur différents points de l'organe splénique, je n'ai rencontré aucun follicule ; à peine ai-je pu observer dans un point ou deux, et tout à fait accolées à la tunique lymphatique, quelques cellules, vestiges d'un corpuscule disparu.

Il était bien évident pour moi, d'après cela, que, sous l'influence de l'alcoolisme aigu, la rate avait éliminé tous les leucocytes qu'elle contenait, puisque ses follicules s'étaient totalement vidés ; mais je ne pus tout d'abord comprendre le mécanisme d'une élimination aussi rapide.

J'en ai cherché l'explication dans la coïncidence de la diminution du chiffre des hématies dans les divers états pathologiques avec une production abondante de globules blancs, qui produisent, comme nous l'avons démontré dans le chapitre II, par leur accumulation dans les ramifications de la veine porte, la tension de ce conduit et la dilatation de la rate. En effet, j'avais pu me convaincre, et j'ai déjà fait remarquer, dans les réflexions qui terminent le chapitre II de ce travail, que, soit dans les fièvres paludéennes, soit dans la leucocythémie, soit après les hémorrhagies, il y a, avant l'apparition dans la veine porte d'un nombre considérable de globules blancs, diminution extrême du nombre des hématies contenues dans le sang ; fait que j'ai constaté

(1) *Archives de physiologie,* novembre-décembre 1874.

dans l'alcoolisme aigu, puisque, sur le chien que j'avais soumis aux inhalations alcooliques et dont la rate était privée de ses follicules, les globules rouges étaient crénelés et par conséquent en voie de destruction. Il me parut donc ressortir de ces rapprochements que la rate émettait un nombre de globules blancs correspondant à la quantité de globules rouges détruits; mais ce n'était pas encore indiquer le mécanisme de cette excrétion.

C'est en analysant l'ouvrage de Muller sur la rate, et en étudiant les conditions d'expérience dans lesquelles Muller s'était placé pour déterminer la disparition des corpuscules de Malpighi, que j'ai trouvé la cause directe de cette disparition. En effet, cet expérimentateur n'a pas soumis les animaux sur lesquels il a fait ses recherches à l'unique influence d'une abstinence de plusieurs jours, mais aussi à celle des saignées répétées (1).

Or, en examinant la rate de divers chiens, après une abstinence plus ou moins longue, c'est-à-dire après un jour, deux jours, trois jours de diète absolue, j'avais constamment rencontré, ainsi que Kôlliker et Ecker l'ont observé, des corpuscules de Malpighi ne différant, ni par leur nombre, ni par leur dimension, de ceux que j'avais trouvés sur des rates de chiens bien nourris. J'en arrivai donc à conclure que la cause réelle de la disparition des follicules spléniques, dans les expériences de Muller, était le vide produit dans le système circulatoire sanguin, et particulièrement dans la veine porte, par des saignées plusieurs fois renouvelées pendant la durée de l'abstinence. En effet, sous l'influence de la saignée, la circulation se ralentit, la tension dans les vaisseaux diminue, et le sang

___

(1) M. le professeur Estor a bien voulu mettre à ma disposition le manuscrit de la traduction qu'il a faite de l'ouvrage de Muller.

n'arrive qu'avec peine et en faible abondance dans la veine porte; il ne peut suffire à combler le vide que produit l'inspiration pulmonaire, par l'entremise de la veine cave inférieure; et il résulte de cette insuffisance la production d'une vacuité considérable dans la veine porte; vacuité qui a pour effet définitif de déterminer une aspiration puissante sur la cavité de l'organe splénique, qui, par le nombre des fibres élastiques de sa charpente, aidées de la tonicité musculaire, se prête particulièrement à l'effacement du vide produit (1): il y a donc, comme résultante de la vacuité dans la veine porte et de l'élasticité et tonicité du tissu splénique, une compression des plus énergiques, exercée sur les éléments cellulaires contenus dans la rate.

Pour le démontrer expérimentalement, j'ai imaginé de faire d'abord la section du nerf splénique pour annuler toute influence nerveuse réflexe, puis d'enlever un certain volume de sang par l'artère fémorale, afin d'observer l'effet du vide produit.

Deux chiens ont été successivement mis en expérience. J'ai fait appel, pour plus d'exactitude, à l'habileté de M. Lannegrâce, prosecteur, qui a pratiqué toutes les vivisections et mensurations nécessaires.

Les deux expériences ont donné les mêmes résultats affirmatifs. Je reproduirai donc seulement la seconde, où le retrait de la rate a été mesuré avec la plus grande précision.

(1) Beau a vu que, si, pendant la dilatation de la rate, on pique la veine, un jet de sang jaillit de la plaie, tandis qu'il ne sort qu'en bavant pendant que la rate est dans son état de retrait ordinaire. *(Dict. encyclopédique: RATE, physiologie.)*
Or si, de ces deux faits, le premier montre que la tension du sang, dans la veine porte, produit la dilatation de la rate, le second prouve qu'une vacuité relative de la veine porte détermine une aspiration énergique sur le contenu de la rate, puisque le sang ne sort qu'en bavant par la piqûre faite à la veine.

Étaient témoins de l'expérience : MM. le professeur Estor ; Bordone, préparateur ; Chalot, interne des hôpitaux ; Osman Galeb, licencié ès-sciences naturelles.

Le chien pesait 5 kilogrammes.

Il fut anesthésié par le chloroforme ; on plaça ensuite une canule, fermée par un robinet, dans l'artère fémorale gauche ; puis on ouvrit l'abdomen ; on prit la mesure de la rate dans sa longueur et sa largeur. Cette mensuration donna : pour la longueur, 16 centimètres ; pour la largeur, 4 centimètres. On fit alors la section de tous les filets du nerf splénique : la dilatation consécutive donna 17 centimètres en longueur et 4,5 centimètres en largeur. Ces dimensions prises, on ouvrit le robinet de la canule placée dans l'artère fémorale ; on laissa couler 150 grammes de sang, et on ferma le robinet. La mensuration, après cette hémorrhagie, donna 15,5 centimètres en longueur et 4 centimètres en largeur.

Telles ont été les données fournies par l'expérience. Je vais montrer à quels résultats importants elles conduisent, au point de vue du retrait de la rate après la saignée.

La différence entre les mesures prises pendant la dilatation de la rate et celles qui ont été pratiquées après l'hémorrhagie me parut d'abord peu marquée ; mais, réfléchissant, je changeai d'avis pour les raisons suivantes :

En effet, si on transforme les mesures de la longueur et de la largeur de la rate, dans les différents temps de l'expérience, en mesure de surface (1), elles donnent déjà des différences plus marquées. Ainsi :

Avant la section du nerf splénique, 16 × 4 = 64 unités de surf.
Après la section, 17 × 4,5 = 76,5 id.
Après la saignée, 15,5 × 4 = 62 id.

(1) Il faudrait, pour que la mesure des surfaces fût absolument exacte, que la rate eût une forme rectangulaire, ce qui n'est pas complétement vrai : les résultats fournis par le calcul ne donnent donc qu'une évaluation approximative du retrait.

Mais, de plus, si l'on remarque que le nombre 64 représente des unités de surface de la rate soumises à l'action de la tonicité musculaire de l'organe; qu'au contraire le nombre 76.5 indique les mêmes unités de surface de la rate privées de cette tonicité musculaire; si l'on remarque qu'il en est encore ainsi pour le nombre 62, on s'aperçoit que le retrait éprouvé par la rate après l'hémorrhagie, ou 76,5—62=14,5, a été produit sans l'action de la tonicité musculaire.

Cependant, pour avoir la mesure exacte du retrait de la rate dans les conditions normales, il est indispensable de tenir compte de l'effet produit par cette tonicité musculaire; or cet effet est égal à la différence en surface qui existe entre la rate paralysée par la section du nerf splénique et la rate dont les fibres musculaires ont conservé leur activité, c'est-à-dire que 76,5—64=12,5. En ajoutant donc le nombre 12,5, ou l'effet qui eût été produit par la tonicité musculaire sur le retrait de la rate si la section du nerf splénique n'avait pas eu lieu, au nombre 14,5 qui représente l'effet produit par la vacuité dans la veine porte et l'élasticité de la charpente splénique, j'aurai 14,5+12,5=27, c'est-à-dire le retrait normal de la rate après une même saignée et pour une même surface.

Si nous cherchons maintenant le rapport qui existe entre la surface normale de la rate et celle de la rate rétractée, nous pourrons établir les proportions suivantes:

$$\frac{76,5-27}{76} = \frac{1}{x}$$

d'où $x=1,54$;

C'est-à-dire que la surface de la rate rétractée étant représentée par 1, celle de la rate normale serait représentée par 1,54.

En supposant enfin que la diminution de l'épaisseur soit

proportionnelleà la diminution de la surface, on pourra obtenir le rapport du volume ou du poids de la rate avant ou après sa rétraction. On trouve ainsi, en effectuant les calculs, que le volume de la rate rétractée serait près de deux fois et demie moindre que celui de la rate normale, ce qui démontre, en définitive, que la rate d'un chien pesant5 kilogrammes peut, sous l'influence d'une saignée de 150 grammes, sans qu'on puisse invoquer d'action nerveuse réflexe, subir un retrait donnant un volume de près de deux fois et demie moindre que celui de la rate normale.

On comprend, dès lors, facilement le mécanisme de l'expulsion des leucocytes qui remplissent la cavité des corpuscules spléniques. Mais, pour que les follicules disparaissent entièrement, il faut que la vacuité de la veine porte persiste, c'est-à-dire que la cause du vide produit dans cette veine, par exemple la saignée, soit ou prolongée longtemps ou renouvelée ; sans quoi l'appel fait à la rate et aux lymphatiques de leucocytes réparateurs ne tarderait pas à produire, par accumulation de ces leucocytes, un obstacle à la circulation porte hépatique, et, en définitive, on aurait, comme je l'ai démontré, une dilatation de la rate au lieu du retrait de cet organe.

D'ailleurs, je me suis assuré de cette nécessité de prolongation ou de répétition de la saignée, en sacrifiant des chiens par hémorrhagie fémorale. Si je pratiquais la splénotomie immédiatement après la perte de la sensibilité chez l'animal, c'est-à-dire au moment où, par des inspirations profondes de causes réflexes, il semblait vouloir combler le vide qui s'était produit dans la veine cave et la veine porte, je trouvais la rate d'une dureté extrême ; signe évident qu'elle tendait à exprimer son contenu, mais elle renfermait encore des corpuscules nombreux et volumineux. Ce fait démontre que la sécrétion des leucocytes par la rate se produit lentement, et probablement par réintégration, dans la cavité artérielle, par diapédèse de dehors en dedans, puisque c'est sur cette cavité que s'exerce l'aspiration engendrée par la vacuité de la veine porte.

Je viens de montrer qu'une seule saignée, de courte durée, serait insuffisante pour produire la disparition des corpuscules de Malpighi ; aussi voyons-nous que Muller avait pratiqué des saignées répétées sur les animaux dont la rate ne présentait plus de follicules. En résumé donc, il me paraît certain, d'après ce qui précède, que la cause de la disparition des follicules spléniques n'est autre que la vacuité de la veine porte et l'aspiration corrélative produite sur la cavité de la rate ; mais à condition que cette cause persiste ou qu'elle se reproduise à des intervalles assez rapprochés pour que la reconstitution des corpuscules soit rendue impossible.

Aussi la disparition des follicules de Malpighi, qui s'observe chez les sujets morts lentement, s'accomplit-elle certainement pendant l'agonie, qu'un ralentissement, une faiblesse extrême de la circulation caractérisent surtout ; le sang, dans ces conditions, n'arrive qu'en faible quantité dans la veine porte et il ne peut suffire à combler le vide que produit l'inspiration pulmonaire ; d'où vacuité de la veine porte et aspiration corrélative sur la cavité splénique, et, comme conséquence, expulsion des leucocytes contenus dans les follicules de cet organe, expulsion qui dure autant que l'agonie, et produit, pour cette raison, la disparition complète des corpuscules de Malpighi.

C'est ainsi que se traduit, en général, l'effet de l'agonie sur l'organe splénique. Mais il n'en est pas toujours de même : pour qu'il y ait disparition des corpuscules de Malpighi, il faut qu'il y ait vacuité de la veine porte ; aussi, lorsque la vacuité

est rendue impossible par l'oblitération des rameaux termi-
naux de cette veine, ainsi que je l'ai montré pour la fièvre
paludéenne, les follicules persistent, et M. Kelsch a pu les
décrire dans son mémoire sur l'*Anatomie pathologique des
fièvres palustres endémiques*.

CHAPITRE V

QUELQUES FAITS RELATIFS A LA PHYSIOLOGIE DES GLOBULES BLANCS, OU ÉTUDE DE LA TRANSFORMATION DES LEUCOCYTES EN GLOBULES ROUGES.

Dans le cours de mes expériences sur l'alcoolisme et sur la physiologie de la rate, je me suis demandé ce que devenait le nombre considérable de globules blancs contenus dans les vaisseaux, que me montrait le microscope chez des grenouilles alcoolisées. Comme il me fut impossible de trouver, avec les données scientifiques actuelles, l'explication de leur disparition rapide dans le torrent circulatoire, j'ai fait quelques recherches à cet égard; les voici:

Elles comprennent des numérations de globules sanguins et des observations histologiques. Les numérations ont été faites à l'aide de l'hématimètre de Hayem; elles avaient pour but de rechercher si le nombre des globules rouges, ou plutôt le chiffre total des globules sanguins blancs et rouges, se trouvait augmenté par l'apport des globules blancs après la digestion. L'expérience a été faite sur l'homme; MM. Lannegrâce et Bordone ont bien voulu me prêter leur concours.

Nous avons successivement, pendant trois jours de suite, compté nos globules sanguins avant le repas du matin et six heures après; nous nous étions astreints à un régime identique.

Or les chiffres obtenus par les numérations précédant le repas ont toujours été supérieurs à ceux fournis par les numérations faites six heures après; les premières ont été, en moyenne, par rapport aux secondes : : 105 : 100. Ces résultats viennent corroborer ceux qui ont été obtenus par Lehmann, comme je le montrerai bientôt.

Mes observations histologiques ont porté sur des coupes délicates (1) de foies de grenouille et de foies d'oiseau; elles m'ont permis de constater, autour des rameaux de la veine porte, la présence de cellules très-nettement dessinées, intermédiaires, par leur forme, leur dimension, aux globules blancs et aux globules rouges. Ces cellules sont contenues dans la gaine lymphatique des ramifications de la veine porte (voir fig. 3, *b b*); je les ai observées, la première fois, dans le foie de grenouilles alcoolisées.

Ces globules intermédiaires ne s'observent pas autour des autres vaisseaux hépatiques ; on n'en rencontre aucun autour des origines intralobulaires des veines sus-hépatiques ; on ne voit, de même, dans les cellules hépatiques, aucune forme nucléaire semblable, car les noyaux de ces cellules présentent toujours la forme arrondie; enfin ils se distinguent des globules rouges du sang, chez les grenouilles, par l'exiguité relative de leurs dimensions générales, et en particulier de celle du noyau, et par leur plus grande sensibilité à l'imprégnation du carminate d'ammoniaque. Chez les oiseaux, ces cellules sont contenues en plus grand nombre dans la gaine lymphatique périvasculaire; elles présentent des caractères identiques de métamorphose, mais moins nettement perceptibles.

Tels sont les résultats que j'ai obtenus.

Mais j'ajouterai qu'avant d'entreprendre aucune recherche sur l'évolution finale des globules blancs, j'avais déjà remar-

(1) J'ai employé le procédé de durcissement que j'ai publié en 1874, *Archives de physiologie,* novembre et décembre 1874 : *Note sur un microtome,* par A. Servel.

qué (voir chap. II et chap. III), que les leucocytes contenus dans les veines de la région splénique ne se retrouvaient plus dans les artères correspondantes ; ils s'arrêtaient donc en grande partie dans le foie, comme je l'ai constaté par l'examen histologique.

Or de tous les faits que je viens d'exposer, il me parut résulter que les globules blancs, pour la plupart, se transforment dans la gaîne périvasculaire de la veine porte, au contact du liquide biliaire (analogue par ses principes colorants aux globules rouges du sang), en ces mêmes globules rouges. En effet, nous avons vu :

1° Que, six heures après le repas, le chiffre total des globules du sang avait diminué dans la proportion de cinq pour cent ; or ce résultat coïncide avec celui qui a été obtenu par Lehmann dans l'évaluation en poids des globules humides contenus dans les veines sus-hépatiques par rapport au poids des mêmes globules contenus dans la veine porte. En effet, on peut voir par le tableau qu'il donne :

	Veine porte globules humides	Veines sus-hépatiques
Sang de cheval	1..600,520 p 1000	1..776,306 p 1000
5 heures après la pâture	11..572,652 —	11..743,100 —
Sang de cheval	111..250,928 —	111..578,366 —
10 heures après la pâture		

que l'augmentation du nombre des globules dans les veines sus-hépatiques a lieu surtout 10 heures après le repas ; ce qui explique pourquoi le matin, avant le repas, c'est-à-dire 12 heures environ après le repas du soir, on constate un accroissement dans le chiffre des globules, par rapport à celui fourni par la numération du soir, c'est-à-dire 6 heures seulement après le repas du matin ; à ce moment, le nombre des globules fournis par les veines sus-hépatiques ne s'est pas accru en raison de la destruction probable des hématies; il n'y a donc eu ni augmentation, ni balance, mais diminution.

De plus, nous avons remarqué :

2° Que les cellules de forme transitoire se rencontrent dans la gaine lymphatique des ramifications de la veine porte ; or cette situation rend compte aussi de la lenteur d'apparition dans les veines sus-hépatiques des globules rouges nouvellement formés dans le foie ; car les globules blancs ont d'abord pénétré, sous l'influence de la pression intravasculaire dont j'ai démontré la coïncidence avec la dilatation de la rate, dans la gaine lymphatique ; ils ont dù ensuite, et après avoir été transformés en globules rouges nouveaux, opérer leur réintégration dans la cavité de la veine porte sous l'influence de la vacuité de la veine cave, comme nous venons de le montrer à propos de l'étude de la disparition des corpuscules de Malpighi, vacuité qui doit nécessairement agir, dans le foie, en produisant sur la cavité de la veine porte une aspiration analogue à celle dont j'ai démontré l'existence pour les vaisseaux de la rate.

En résumé, il y a, je crois, lieu d'admettre que les globules blancs qui sont contenus dans la veine porte passent à travers les parois de ses ramifications hépatiques, sous l'in-fluence de la pression sanguine, dans leur gaine hépatique ; que là ils subissent une transformation chimique, au contact, par endosmose, du liquide biliaire, qui leur donne la colo-ration et l'activité spéciale des globules rouges du sang ; il y a lieu d'admettre enfin, par l'analogie nécessaire des phéno-mènes sous l'influence d'une même cause, que la vacuité relative de la veine cave, par exemple dans l'intervalle des digestions, doit entraîner par aspiration, comme pour les globules blancs contenus dans les corpuscules de Malpighi, la réintégration dans les vaisseaux des globules transformés dans la gaine lymphatique de la veine porte.

CONCLUSIONS

I

EFFETS DE L'ALCOOL SUR LA NUTRITION

L'alcool n'est pas un aliment d'épargne; il est, au contraire, une cause de déperdition pour les tissus; il ralentit la circulation, altère les hématies et détermine, pour ces raisons, l'apparition dans le torrent circulatoire d'un nombre considérable de globules blancs. Ces globules blancs sont le résultat d'une désassimilation interstitielle des tissus, et leur production a pour conséquence un amaigrissement rapide.

II

PHYSIOLOGIE DE LA RATE

A. — De la dilatation de la rate à l'état normal et à l'état pathologique

La dilatation de la rate est un acte essentiellement passif, ayant pour cause un équilibre de tension entre le sang de la veine porte et celui de l'artère splénique, et, comme conséquence, le ralentissement ou l'arrêt du courant sanguin splénique destiné à alimenter le système porte hépatique, lorsque la tension est moindre dans ce dernier.

Ces conclusions permettent de comprendre le rôle de la rate pendant la digestion et pendant l'intervalle des digestions.

Pendant la digestion, la rate subit l'influence de la tension du sang dans la veine porte; elle se dilate et cesse de fournir du sang au système porte hépatique.

Dans l'intervalle des digestions, elle fournit au contraire les matériaux de nutrition nécessaires à la fonction du foie.

B. — De l'action de la rate sur les globules blancs et les globules rouges du sang

La rate a pour propriété d'utiliser les matériaux de destruction du tissu sanguin.

Le résultat de ce travail est la formation de globules blancs, qui s'accumulent sous forme d'amas volumineux dans la gaine lymphatique des artères spléniques.

Ces globules blancs de néoformation sont expulsés par la contraction des fibres lisses qui entrent dans la structure de la gaine lymphatique des artères spléniques et par la compression exercée par les fibres élastiques de l'organe, lorsqu'il y a absence de tension et de stase sanguine dans les vaisseaux qui le traversent.

C. — Causes et mécanisme de la disparition des corpuscules de Malpighi

La disparition des corpuscules de Malpighi est la conséquence de la vacuité prolongée ou souvent reproduite de la veine porte; cette vacuité a pour effet de déterminer une aspiration puissante sur le contenu de la cavité splénique et l'expulsion des leucocytes des follicules de Malpighi. L'expulsion des leucocytes est favorisée par la tonicité des muscles lisses de la rate et par l'élasticité de son tissu. La migration effectuée par les globules blancs, pour quitter la cavité qui les contient, a lieu de dehors en dedans, en vertu de l'aspiration produite sur la cavité vasculaire.

III

TRANSFORMATION DES GLOBULES BLANCS EN GLOBULES ROUGES

Les globules blancs se transforment en globules rouges, dans la gaîne lymphatique des ramifications de la veine porte, au contact par endosmose du liquide biliaire ; ils pénètrent dans cette gaîne sous l'influence de la tension du sang dans la veine porte et retournent dans le torrent circulatoire, pendant la vacuité relative de la veine cave, en vertu de l'aspiration qui en résulte.

Ce travail a obtenu le Prix Fontaine à Montpellier, et a reçu les félicitations du Ministre de l'Instruction Publique.

EXPLICATION DES FIGURES

Fig. 1. — Représente un appareil à inhalations d'air imprégné d'alcool, pour les grenouilles.

T. — Robinet de la trompe à eau.

A. — Flacon contenant l'alcool que traverse le courant d'air de la trompe.

B. — Flacon recevant l'air imprégné d'alcool et destiné à loger la grenouille, pendant les inhalations.

Fig. 2. — Coupe d'un corpuscule de Malpighi pratiquée sur la rate d'un chien en digestion (grossissement, 340 diamètres).

a. — Leucocytes remplissant le corpuscule.

b. — Gaîne lymphatique de l'artère splénique.

Fig. 3. — Coupe d'un rameau de la veine porte, pratiquée sur un foie de grenouille alcoolisée (grossissement, 340 diamètres).

a. a. — Globules blancs remplissant la cavité vasculaire.

b. b. — Cellules contenues dans la gaîne lymphatique, indiquant une phase évolutrice des leucocytes, avant de constituer des globules rouges du sang.

TABLE DES MATIERES

St-Etienne, imprimerie et lithographie J. PICHON père, rue de la Croix, 13.

Fig 1
Fig 2
Fig 3
LABORATOIRE

170

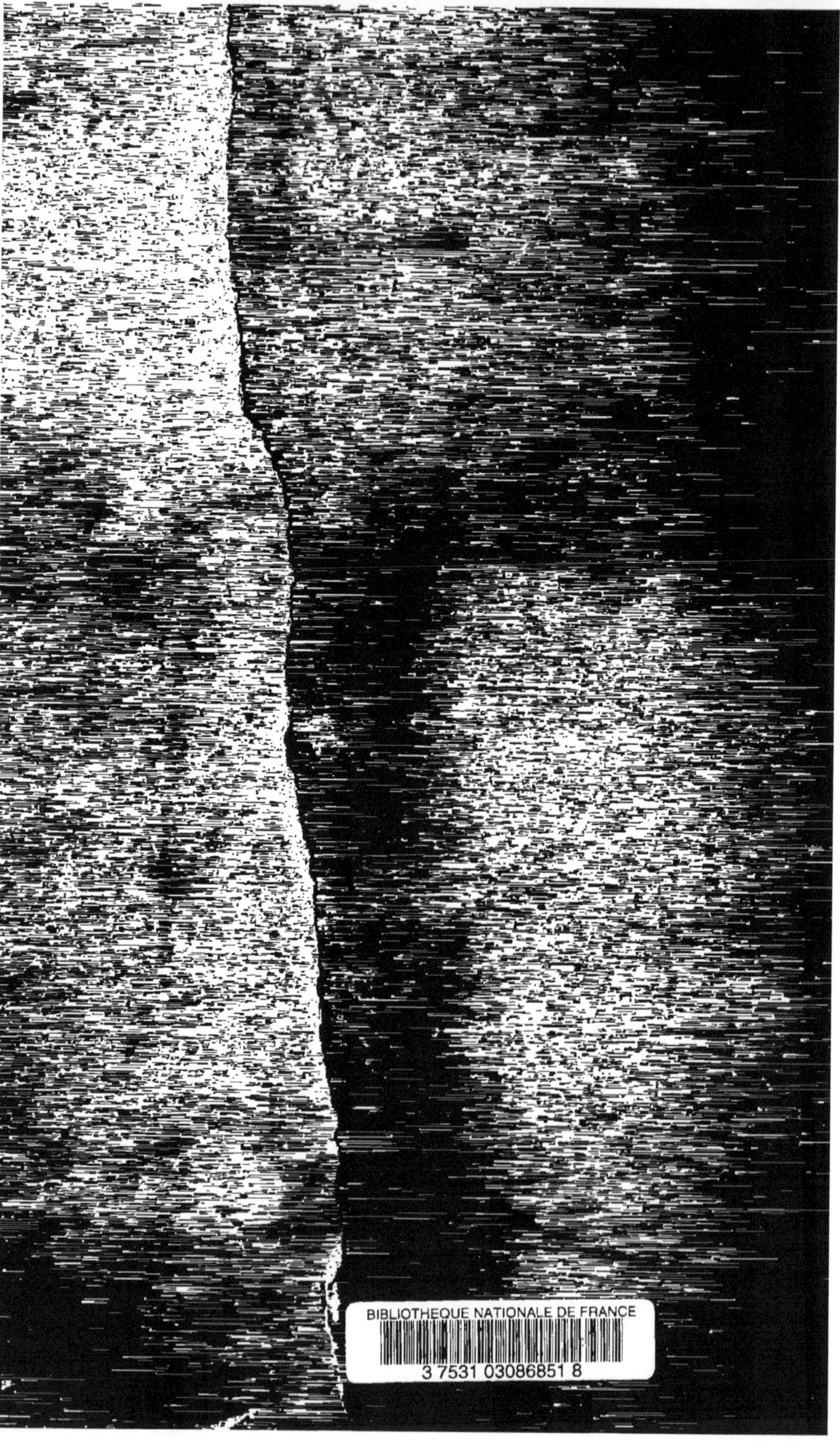

BIBLIOTHEQUE NATIONALE DE FRANCE
3 7531 03086851 8